与 300位 室内设计师对话

《个性文艺》编写组 编

个性文艺

图片提供：徐宾宾　左　昕　易　蕾　罗玉婷
　　　　　万浪斌　何志东　刘　丹　王　琪
　　　　　李　斌　黄子平　余　晶　苏丽萍
　　　　　贾小帆　陈　莉
配　　文：林皎皎　陈月琴　余志英

U0309371

海峡出版发行集团
THE STRAITS PUBLISHING & DISTRIBUTING GROUP
福建科学技术出版社
FUJIAN SCIENCE & TECHNOLOGY PUBLISHING HOUSE

图书在版编目（CIP）数据

个性文艺 / 《个性文艺》编写组编 . —福州 : 福建科学技术出版社 , 2013.5

（与 300 位室内设计师对话）

ISBN 978-7-5335-4275-7

Ⅰ . ①个… Ⅱ . ①个… Ⅲ . ①室内装饰设计

Ⅳ . ① TU238

中国版本图书馆 CIP 数据核字 (2013) 第 076804 号

书　　名　个性文艺
　　　　　　与 300 位室内设计师对话
编　　者　《个性文艺》编写组
出版发行　海峡出版发行集团
　　　　　　福建科学技术出版社
社　　址　福州市东水路 76 号（邮编 350001）
网　　址　www.fjstp.com
经　　销　福建新华发行（集团）有限责任公司
印　　刷　福建彩色印刷有限公司
开　　本　889 毫米 × 1194 毫米　1/16
印　　张　10
图　　文　160 码
版　　次　2013 年 5 月第 1 版
印　　次　2013 年 5 月第 1 次印刷
书　　号　ISBN 978-7-5335-4275-7
定　　价　49.80 元

书中如有印装质量问题，可直接向本社调换

目录 CONTENTS

阔绰三房

快乐蜗居

快乐蜗居 | 色彩构成的视觉盛宴

设 计 师：非空
项目地点：深圳市
建筑面积：60 平方米
主要材质：仿古砖、水曲柳金刚板、有色面漆、玻璃砖、布艺

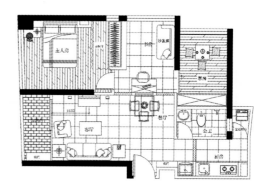

业主是一个对色彩极度痴迷的年轻人，追求个性表现。按他自己的话说就是：我要住在属于我自己的屋子里，不然，走错门了都不知道！因此就产生了这样一个没有具体风格定位的设计。异域风格的拱门，现代风格的玻璃砖，田园风格且色彩浓郁的仿古砖墙面，整体的装饰效果艳丽而又温馨，各种色彩出现在空间中，丰富且有序。

01

01宽大舒适的布艺沙发成为空间的主角，富有冲击力的色彩与整体环境相协调，共同演绎了一场视觉盛宴。

02五彩斑斓的玻璃砖与空间色彩相呼应，晶莹的质感在光照下得到了最好的诠释。

03书房利用深色布帘区分出相对独立的工作区和休息区，满足多功能的使用要求。

04餐厅与书房以拱形门洞造型相连接，粉绿色墙面使之与客厅形成有机的一体，中间部分的玻璃砖同时也是入户对景。

快乐蜗居 | 精致优雅的家

设 计 师：林文学
项目地点：香港
建筑面积：66 平方米
主要材质：黑胡桃木线条、钢化玻璃、壁纸、黑色烤漆面板、玻化砖

空 间的布局结构、功能分区显得合理而紧凑，并且每个功能区都凸显出各自的优势和特色。黑胡桃木线条的大量运用，将简洁大气表现得淋漓尽致，深沉的色彩将内敛沉稳表达到极致，材质的对比应用使得空间更显精致优雅。

01 入户立面以深色材料为主，与室内浅色调形成对比，暗示出空间不同区域，同时具有先抑后扬的作用。

02 餐厅与厨房以木线条拼贴的墙面分割开来，木色及玻璃带来的清凉感瞬间溢满空间。

03 客厅的布局透露出简约时尚的气息，玻璃的背景墙后隔出一个小小的书房，同样的简约，让这狭小的空间不显得拥挤。

04 暖白的暗藏灯带成为空间主要照明方式，营造出柔和的灯光氛围，同时强调出整体造型的块面感。

快乐蜗居 | 时尚居所

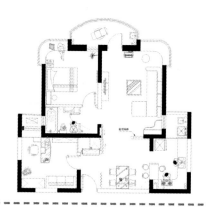

设 计 师：王栋
项目地点：上海市
建筑面积：80 平方米
主要材质：玻化砖、烤漆玻璃、艺术玻璃、壁纸、亚克力人造石、铁艺、茶镜

01

02

设计师通过一些细节方面的处理，提升了房子的空间感，看上去大气、温馨，同时还具有很强的实用性。空间整体色调较浅，以家具及陈设的红色、黑色点缀，拉开对比，局部茶镜及金色暗纹壁纸的运用带来强烈的时尚气息。

01 电视背景墙采用浅色小圆圈的壁纸与圆弧形茶色烤漆玻璃组合，削弱了空间的生硬感，整体也更为柔和。

03 开放式的厨房大气又时尚，红色的小吧台与橱柜有机地连为一体，同时兼具餐厅隔断功能。跃动的色彩与客厅家具遥相呼应。

02 半通透隔断的左侧是储藏室，而整面的烤漆玻璃和壁纸其实是扇移门。这种别出心裁的设计能与客厅相呼应，增强整体效果。

04 客厅的沙发背景墙是一朵大型的玫瑰花，柔和的色调，丰富了空间。

快乐蜗居 | 色彩的天地

设 计 师：段文娟
项目地点：深圳市
建筑面积：78 平方米
主要材质：竹木地板、玻璃、乳胶漆、马赛克

根据女主人的喜好，设计师在用色上大胆地以酒红色、白色、卡其色为主色调，配上方圆结合的造型，营造了一个轻松、明快的居住环境。在原有结构的基础上，设计师将厨房隔墙设计为半玻璃隔断，最大限度地利用了自然采光。巧妙地利用各处空间的飘窗，使之更加符合业主使用要求。家具造型的一体化设计加强了空间的整体性。

01 整个空间造型以方圆为主体，所以在红色背景墙上点缀了些许白色圆形装饰，凸出的弧形板上面还可以放主人喜欢的小饰品。

03 酒红色墙面，白色倒圆形柜体，中性色的竹木地板，点缀局部卡其色，使空间明快且丰富、生动。

02 鞋柜、电视柜、背景墙、装饰区等多种功能依次体现在整体墙面当中，酒红色底衬托出明快的功能区造型。此处弧形柜门采用特殊的铰链安装，不会影响开门。

04 与飘窗相邻，将床尾靠背与书桌连为一体，嵌入墙体的书柜设计，使得空间小而紧凑。

快乐蜗居 | 旧家具的再利用 散发浓郁古韵

设 计 师：周家永
项目地点：深圳市
建筑面积：40 平方米
主要材质：黑胡桃木实木地板、有色面漆、黑胡桃木饰面板、
　　　　　雕花窗、彩色玻璃砖

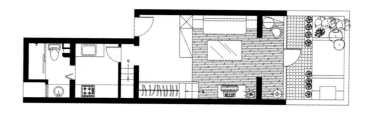

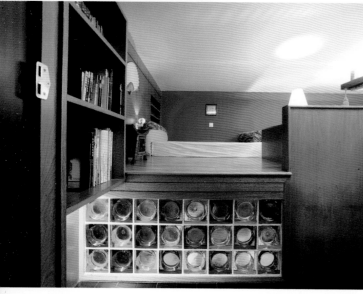

旧家具再利用，不是简单加固翻新，而是需要设计师展开想象力和创造力，从材质到工艺再到创意，每个环节都要重新设计，赋予这些家具新的生命，从骨子里表现出现代时尚的一种另类唯美。空间的合理利用成为该设计的另一大特色。此处设计师巧妙地利用旧物，赋予其新的生命。40 平方米的空间功能多样、完善，令人拍手称赞。

01 设计师在高度 3.3 米的空间里搭出客厅和卧室。传统的中国红延续整个空间，使空间洋溢着热情与喜气，同时暗含古韵。

02 把一组浅黄色的旧花窗，设计为玄关的深色屏风，不仅改变原有花窗的颜色，也改变了功能。这些旧物记录生命的印记、岁月的流逝，散发出浓郁的古韵。

03 原左边的阳台没有功能性，现在改造为休闲阅读区，在冬季可享受阳光浴。

04 夹层的主卧室空间有限，充分利用楼梯转角空间设置书柜、床头嵌入式层架，丰富其使用功能。

快乐蜗居 | 东南亚风情

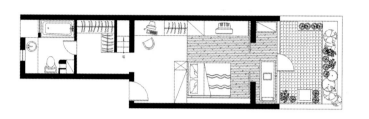

设 计 师：周家永
项目地点：深圳市
建筑面积：40平方米
主要材质：紫檀木饰面板、彩色玻璃砖、有色面漆、黑胡桃木实木
地板

空间以东南亚风情为主题，为忙碌的城市人打造了一个充满异域情调，自然、随性的心灵家园。室内部分整体线条简洁、明快，深色紫檀木家具与大面积的白墙形成对比。精致的陈设品、灯具、布艺等软装部分烘托了整体环境氛围。户外阳台被设计成东南亚风格的花园，丰富的植被与石磨、佛像等相得益彰，营造出一方城市山林。

01 二层夹层以楼梯为界，分为不同的两个区域，一处是书籍阅览区，另一处是小客房和储藏室。栏杆以玻璃砖装饰，与下部空间遥相呼应。

03 玄关设计小巧而精致，同时不失实用性。立柜充当了鞋柜及衣帽柜的功能，简洁的木格窗、穿衣镜的设计无形中扩大了空间。

02 空间虽小却功能齐全，设计师利用阁楼的下部空间围合出一相对独立的书房区域，出现在玄关处的玻璃砖在此得以重复，晶莹亮丽的色彩削弱了紫檀木的沉闷感。

04 宽大的阳台被设计师巧妙地分成了阳光房以及户外花园两个部分，既使得空间层次更加丰富，又提高了空间实用性。

快乐蜗居 | 红·舞曲

设 计 师：康华
项目地点：深圳市
建筑面积：68 平方米
主要材质：银镜、红色烤漆玻璃、红色人造石、白色微晶石、玻化砖

设计概念为"炫"，采用红、白两种简单而时尚的色彩组合，红色烤漆玻璃与银镜在丰富整体空间的同时又在视觉上让空间不断地伸展。直线条的造型，简洁流畅，搭配富有现代感的家具陈设，使得整个设计中流露出自我的时尚个性，让身处繁华都市的日与夜简单而舒适。

01 红白两色构成了空间的主调，纯粹的色彩对比明快、活泼。设计师对于色彩的比例控制非常到位，节奏感强，使得空间犹如一曲欢快的舞曲。

02 红色烤漆玻璃移门将衣柜隐于其后，与墙面银镜形成虚实对比，同时与卧室家具、配饰相呼应。

03 餐区的红色吧台犹如飘带，延续至地面与墙面，形成完整的一圈，并界定出厨房、玄关与客厅各个区域，成为入户处的一个亮点。

04 空间实际建筑面积并不大，设计师大量采用银镜，无形中使人的视觉得以延伸，红色的圆形装饰图案富有趣味性，成为设计细节，丰富了空间的视觉感受。

快乐蜗居 | 中国红

设 计 师：刘威
项目地点：武汉市
建筑面积：80平方米
主要材质：壁纸、水曲柳金刚板、实木花格

01

本案所要表现的，实际上就是古典中式和现代风格水乳交融的一种表达方式，通过传统的元素，精益求精的细节处理，营造中国风的视觉盛宴。空间运用 中国红 打造，给人强烈的视觉冲击，红色图案雍容而华贵。丰富空间又流露自我的个性，使其成为一处独特的现代都市住宅。

01 古典窗花爬上了墙，形式相同，颜色变成了更清新的白色，将最经典的传统元素在现代家居中完美呈现，将古典赋予现代的时尚。

02 墙面的艺术壁纸花团锦簇，为空间增添特别的意境，让人过目难忘。

03 富有体量感的红色衣柜透露出非凡的气派，大红色调的处理让人仿佛走进了大户人家的闺房。

04 花朵形的地毯色彩雅致，花纹典雅；中式橱柜刷成白色，与空间的时尚基调相协调。

快乐蜗居 | 双色诱惑

设 计 师：周金华
项目地点：杭州市
建筑面积：20 平方米
主要材质：马赛克、LED 灯管、银镜、仿古砖、绒布

空间的造型与功能结合得天衣无缝，通过立面造型和洗手间的平面布局能找到代表男人和女人的形状，在镜面和空间灯光的渲染下，无限的浪漫和温情充满整个房间。

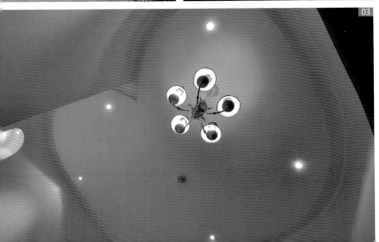

01 平面和天花都是一个心的形状，墙面居然也是一个巨大的立体的心形，满满的爱心包裹着空间。

02 卫生间里黑白色彩的刚毅正是男性阳刚之美的最好展现。

03 围绕着天花心形点缀的六颗射灯就像爱心上镶嵌的钻石，在红色 LED 灯光的变换中，与空间的温馨情调相融合。

快乐蜗居 | 张扬个性的设计

设 计 师：黄东琪
项目地点：清远市
建筑面积：62 平方米
主要材质：橡木复合木地板、灰镜、钢化玻璃、玻化砖、银镜、马赛克

设计师巧妙地利用色彩对比及整体的造型方式为我们呈现了一个时尚、前卫，张扬着自我个性的现代空间。黑白为主调，诠释着永不过时的经典。灰镜的大量运用使得空间尽可能地放大。暗藏灯带创造出柔和的灯光效果，成为空间的主要照明方式。空间倒圆角的造型方式既虚化了不同界面，也削弱了直线条带来的生硬感。软装的配置也跟随着设计的主体基调，为空间增色不少。

01 客厅、餐厅与厨房通过吊顶使得三个功能区紧密联系在一起。厨房墙饰贴饰黑白马赛克，与空间的主调相呼应。

02 卧室休息区利用地台并延续到顶部，加强了区域划分。白色暗藏灯带使之恍若漂浮起来，时尚、前卫之感油然而生。

03 电视背景墙上部一小段灰色镜面连接起餐厅、厨房，无形之中拓宽了空间。

快乐蜗居 | 小空间多功能

设 计 师：林小龙　李海威
项目地点：深圳市
建筑面积：54 平方米
主要材质：枫木饰面板、仿古砖、黑镜

小户型在设计过程中重视空间的多功能使用。本案居住者既可以在封闭的厨房里面烹饪，也可以在开放的餐厅里就餐会客，餐厅还兼作书房之用。进入卧室区，干湿分离的洗手间的一端，插入开放的衣橱，主人卧室使用嵌入的液晶电视，最大限度地赢得空间感。

01 客厅和餐厅之间不设墙体，让空间一览无遗，沙发背景墙的黑色玻璃让空间无限延续。

02 地面玻化砖巧妙运用蓝色装点，色彩和形状的丰富变化，让空间看上去清新淡雅。

03 黑白的强烈对比让空间有泼墨般的奔放情感，两幅精致的黑框装饰画起着画龙点睛的作用。

快乐蜗居 | 色彩装点空间

设 计 师：张先哲　苏杰
项目地点：杭州市
建筑面积：58平方米
主要材质：枫木金刚板、壁纸、黑色烤漆玻璃

01 坐椅的红色与沙发背景墙的色块装饰画相互呼应，颜色生动热情。

02 白色的床上用品以黑色的直线装饰简洁大气，抽象的装饰画犹如明媚的阳光活跃了空间。

设 计师把丰富的色彩应用在家具、装饰画、地毯等上，如色彩斑斓的装饰画，其丰富的色彩层次和力度，构成了一幅幅赏心悦目的画面，视觉效果突出。

温暖小空间

快乐蜗居

设 计 师：张先哲　苏杰
项目地点：杭州市
建筑面积：58平方米
主要材质：枫木金刚板、壁纸、黑色烤漆玻璃、枫木饰面板

本空间为一单身公寓的设计，除卫生间做了相对封闭式的处理外，其他区域都为不遮挡设计，床铺旁边放着休闲坐椅，电视柜旁边则放着小圆桌和吧椅，视线流畅，一贯到底，区域共享，小空间也能形成一个开阔的视觉效果。木质的温暖触感，让空间看起来柔和怡人。

01

02

01 黑色的烤漆玻璃打破了枫木饰面板的平整单调，灯光的强调，更丰富了墙面效果。

02 在开放的住宅活动空间里，地面分别以玻化砖和金刚板铺设，将主次空间区域区分开。

快乐蜗居 | 张弛空间

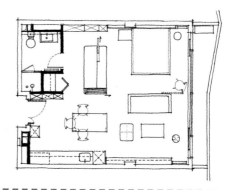

设 计 师：安刚
项目地点：北京市
建筑面积：50 平方米
主要材质：白橡木饰面板、壁纸、白橡木复合地板、白色人造石、
　　　　　黑色烤漆玻璃、乳白色烤漆柜门、白色防火板

设计师采用全开放式与半开放的空间相结合，没有固定隔墙，将空间每一寸的面积都得到彻底释放。为了保持与延续空间的单纯性，室内线条非常硬朗；在动线转折处的柜子边缘都做了圆角处理，原本质感坚实的形体似乎更为有机。空间中收纳的设计对于小户型尤其重要，凌乱会使原本就不大的空间更显局促。室内特地选用中性色温间接光带照明，营造含蓄内敛的氛围，将张弛空间毫无保留地展现出来。

01 运用推拉门的方式将客厅与卧室隔开，动静之分就在这一门之隔，合理利用空间。

02 墙面被大面积白橡木饰面板贴饰，用单一材料处理整个立面的手法来简化空间，从而凸出空间的尺度感。

03 暖灰色壁纸为客厅设定基调，清淡中与白色家具、银色百叶构成颜色和质感的对比。白色长条收纳柜兼具书架的功能，在视觉上拉伸了空间的进深感。

04 橱柜没有多余的线条，面板全部采用"反鸭嘴"工艺，看不到拉手，而且在橱柜下方留有空间，腿在贴近柜门移动时会更加自如。

快乐蜗居 | 金色调的华丽铺设

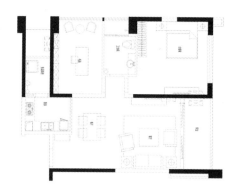

设 计 师：徐广龙　吕锴　陈凯
项目地点：重庆市
建筑面积：74 平方米
主要材质：银镜、仿古砖、马赛克、壁纸、玫瑰木金刚板

客厅以金、黄、褐三色为主色调，彰显空间高雅富贵的特质。开放式的表现手法，空间的镜面处理，来强化空间的宽度与深度，让区域间相互呼应。不同材质的呈现，石材与木材的搭配，让空间设计更加多元化。

01　02

01 在主卧背景墙的处理手法上，沿用客厅分割纹理，材质为黑色仿古砖，配以奢华的床及饰品，使整个空间贵气十足。

02 书房书架的设计以镜面为底，木层架的搭接，加以暗藏灯光的运用，使书架虚实结合，同时空间的层次感倍增。

03 长条的银镜镶嵌，延伸了空间的视觉感，同时将餐厅与客厅的区域联系在一起。高贵典雅的餐具摆设，再配以黑色烤漆柜面，使其更加精致。

04 卫生间以马赛克饰面，在柔和的光照下，更显灵动。仿古砖的地面露出斑驳的肌理，即便是单一的材质，也能呈现丰富的表情。

快乐蜗居 | 小空间的时尚感

设 计 师：徐广龙　吕锴　陈金凤
项目地点：重庆市
建筑面积：62 平方米
主要材质：银镜、钢化玻璃、玻化砖、皮革软包

01

02

本空间的设计灵感来源于鸡蛋的椭圆形。在功能布局上整个空间围绕椭圆形展开。整个空间开放，通透敞亮，隔而不断。材料设计上特意混合了刚强硬朗与柔美，选材色彩的反差为整个空间起到了很好的辅助衬托作用。黑色的地砖与白色家具，素色的墙面与人花纹的床单和地毯，营造出空间低调、时尚感氛围。

01 客厅与卧室之间的可旋转屏风，同时兼具电视墙的功能，使屋主在不同空间区域都能享受到，并且还是空间的一大装饰品，灵活而又不失功能。

02 蓝色椭圆形是空间设计的中心点，既不显得冲突，还能迎合于空间的整体设计。

03 旋转墙的翻转，以镜面装饰，来放大空间，使空间更加开阔。

04 卧室即便是空间有限，也可以用丰富的材质展现奢华质感。主墙的浅色绒布，搭配两侧镜面，营造出纵横交错的立体效果。

03

04

快乐蜗居 | 新古典主义

设 计 师：刘威
项目地点：武汉市
建筑面积：70平方米
主要材质：壁纸、红檀木金刚板、仿古砖、艺术贴纸

纯白的优雅，银色的华丽在黑色调的氛围中，演绎新调的尊贵与风情万种。客厅的设计遵循这一手法，纯净的白色柔和恬静，深色的沙发与黑色的家具相呼应，装饰品和家具边框的金属色泽在这里更显跳跃，卧室和餐厅再次强调整体空间的用色，灯具和布艺的选择围绕空间的气质而展开，令高贵感进一步提升。

01

01 白色墙面上的黑色艺术贴纸花纹优美流畅，与空间的主色调相协调。

02 这是一个黑白灰的世界，银色的介入却让奢华在这里不经意地上演着。

快乐蜗居 | 淳朴、舒适的美式乡村风格

设 计 师：刘威
项目地点：武汉市
建筑面积：78 平方米
主要材质：仿古砖、有色面漆、墙绘、黑胡桃木饰面板、米黄大理石

该案例体现的是美式乡村风格，设计师摒弃繁琐和奢华的装饰，将不同风格中的优秀元素汇集融合，让人感受到淳朴、舒适，带给人真正的轻松。空间墙面饰以浅米色漆，搭配门套及踢脚，色彩绚丽的墙绘与装饰画点缀其间，自由、奔放。所有的门洞均为拱形，强调出美式乡村风格的典型造型特征。体积巨大厚重的实木家具，非常的自然且舒适，充分显现出乡村的朴实风味。碎花或条纹图案的布艺及墙面、地面的仿古砖使得空间的气氛进一步加强。

01 拱形门套层层相套，凸显出美式乡村风格。

02 餐厅的桌椅厚重而古朴，整面彩绘背景墙鲜亮活泼，富有视觉冲击力。

03 窗户加上一个拱形的小栅格，显得自然而别致，与缤纷多彩的布艺沙发一同打造美式乡村风格。

04 拱形的床屏以不同图案的软包拼饰，既有细节变化又统一在同一色调中。

快乐蜗居 | 夜色朦胧

设 计 师：Bill Yen
项目地点：深圳市
建筑面积：70平方米
主要材质：橡木黑色开放油漆、白色人造花岗石、米白色天然砂石、拉丝不锈钢、
紫色绒布

现代简约的设计，融入时尚元素，打造一个既实用又高雅的空间。材料上选用了金属及石材，凸显空间的阳刚。为了更加自然，颜色上大胆地用了白色和黑色，以自然肌理的材料质感呈现。

01 卧室的设计同样采用了客厅的轻纱帷幔，彰显浪漫气质。简单纯净的家具组合，盆栽的放置，给空间带来些许淡雅惬意。

02 黑白色调的搭配实为经典，相对称设计，以隐藏式灯带，强化材质的层次与光影，缓解黑色调的压迫感。

03 电视背景墙的黑色石材的延伸，为空间添加一抹神秘感。大面积柔和的纱幔围绕，典雅浪漫，营造出空间朦胧的美感。

02　03

快乐蜗居 | **简爱**

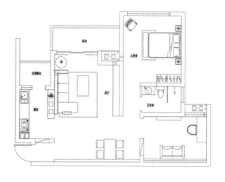

设 计 师：四川中英致造设计事务所
项目地点：成都市
建筑面积：60 平方米
主要材质：白色微晶石、银镜、烤漆玻璃、珠帘、皮革软包、玻化砖、
　　　　　不锈钢

电视背景墙为红色烤漆玻璃，贴饰抽象造型的银镜，其余墙面为大面积的白色皮革软包，再配以前卫造型的白色家具饰品，红白极致的色彩对比营造一场视觉盛宴，整个空间充满时尚气息。

01 开放式的厨房，以吧台为界，似隔非隔的空间有着一定的联系。

02 珠帘的运用，把餐厅与其他空间隔开；银镜的墙面扩大了空间的同时，也把各个开放空间联系在一起。

03 餐厅墙面用银镜雕刻时尚图案，在灯光的照射下两种光面材质相互反射，形成亦真亦幻的视觉效果。

快乐蜗居 | 光的舞台

设 计 师：王士稣
项目地点：上海市
建筑面积：75 平方米
主要材质：亚光烤漆板、雅士白大理石、玻化砖、高密度板

设计围绕着简单、精致、安静、明亮、整体等几个要点，设计语言非常简练，没有任何多余的装饰元素，呈现出干净利落的线条感。设计中采用了大量的移门，开启移门可以将所有空间串连在一起，让户型显得更加整体，并体现一种流畅、开放的生活方式。灯光的设计也很独特，暖色的日光灯槽成为了房间的主要光源，代替了一般户型使用的顶灯。这样的处理方式可以让墙面及转角显得更加柔和，并且让空间氛围更加宁静、舒适。

01 书房墙面的软木装饰柔化了白色书桌、柜体的生硬感，主人可以将生活及工作的点滴随意钉在墙面上，散发出浓烈的生活气息。

02 走道竖向放置了粉红色的日光灯管，带有颜色的光线洒在白色的墙面上，并与其他光源混合在一起，呈现出一种独特的视觉层次感及空间体验。

03 除了主卧之外，所有的房门都采用和墙面同色的大面积移门。这样的处理方式不但可以节省空间，并且模糊了空间与空间之间的关系，门与墙合并为一种元素。

快乐蜗居 | 清幽竹意

设 计 师：周金华
项目地点：杭州市
建筑面积：55 平方米
主要材质：雷竹、竹木地板、杉木板、壁纸

宁可食无肉，不可居无竹。城市中的人都梦想每天淡看飘枫雪落，草木枯荣，与一两知己相交，席地而坐，临风茗茶，参禅悟道，修养身心。聊到尽兴，困了，躺下便睡去。于是在室内运用竹、草、枫、杏、松、石，所有的尺度都以人为本，营造一个清幽的家。

01 光影透过竹子的通透隔断在品茶区留下斑驳的身影，若隐若现，清美脱俗，把居者对自然的喜爱表达得淋漓尽致。

02 块面造型的书桌、坐椅、休闲平台让居者回到最朴实无华的生活状态。

03 洗手间墙壁模拟山石一样的质感，镜面也处理成砚台形状，呈现自然朴素的美感。

04 树叶爬满了绿色的墙面，躺在床上，仿佛置身于森林中，清新的自然感觉扑面而来。

快乐蜗居 | 两个人的世界

设 计 师：张礼斌
项目地点：福州市
建筑面积：50平方米
主要材质：白橡木金刚板、壁纸、玻璃、马赛克

因是老房改造，故平面突破尺度不大，整体考虑以黑白基调，局部块面饰以暖灰色，原墙面尽量简洁，其他的隔断均采用玻璃，尽可能保持通透和简练。家具均是设计师画好图形后去家具厂订做。空间里的三个立面翻转弧形，入口餐厅及客厅电视墙还有卧室休闲区，相互衔接和呼应。

01 客厅电视背景墙采用了立体弧形造型，与餐厅造型相呼应，电视及音响嵌入其中，强调了造型的完整性，带来了独特的视觉效果。

02 餐厅以一立面翻转弧形限定出就餐区域，一盏吊灯与整体造型相穿插、衔接，设计师大胆的创意使其表现出强烈的视觉震撼力。

03 厨房浅色条纹地砖延续到入口及卫生间墙面，使得小空间的整体性加强，同时和浅蓝黑相间的马赛克形成明快的对比，空间显得干净、利落。

04 电视背景墙大胆地采用暖灰色立体弧形，使得这个规矩、方正的卧室空间变得很不一般，表现出强烈的现代感，成为视觉焦点。

快乐蜗居 | 设计师的 DIY 作品

设 计 师：段文娟 郑福明
项目地点：深圳市
建筑面积：60 平方米
主要材质：仿古砖、钢化玻璃、壁纸、薄纱、方钢

尽管建筑面积较小，但通过精心设计却能小中见大，空间得到极大改善。客厅的处理非常巧妙，虽然面积不大，但将墙面打通后显得非常通透。兼具储藏及电视柜功能的矮墙成为此处设计的亮点。设计师利用方钢、肌理漆等这些非常普通廉价的材料打造了一个实用性很强的空间。室内灯具、餐桌、沙发和书桌都是设计师自己设计并订制的。

01

01 灰调子的客厅中，条形的吊灯非常引人注目，这个 DIY 的作品其实是几根节能灯管组合，上下固定在木方上面，外面则是透光板制作的一个灯盒子。

02 客厅的矮隔墙既是电视墙，背面又兼具储藏功能。半高的设置方式使得室外自然光线可以直接引入客厅。

03 一排深灰色纱帘的后面其实是设计师在家中的一个小型工作室，拉起纱帘一切都变得整齐有序。

快乐蜗居 | 优雅与妖媚的气质空间

设 计 师：刘威
项目地点：武汉市
建筑面积：76 平方米
主要材质：玻化砖、有色面漆、灰镜

在本案中，设计师用实物向人们诠释了欧式的奢华与浪漫。由于原建筑面积并不大，设计中将厨房、餐厅、客厅紧密联系在一起，并利用镜面扩大空间感。整个空间以白色为主，偶尔一片粉红，增添了妖媚之感。家具和陈设成为渲染空间气氛的主体，线条流畅的后现代风格家具，雍容而华贵，赋予空间女性特有的婉约气质。

01 在玄关入口，一对红色的琉璃烛台以优雅的身姿迎接进来的人，银镜映射着对面优雅的装饰品，在灯光的反射下，尽显华丽。

02 沿墙而设的白色吧台和大面积的车边灰镜面虚实对比，吧台下的菱形酒架加强了两者的联系，空间更为整体统一。

03 客厅里红色的沙发和白绒装饰极尽优雅，将女性的妩媚和柔情尽显无遗。坐椅及几柜流线型的设计，同样以优雅的姿态示人。

快乐蜗居 | 爱琴海吹来的海风

设 计 师：赵明明
项目地点：上海市
建筑面积：70 平方米
主要材质：仿古砖、蓝色面漆、泰柚木饰面板、柚木金刚板、马赛克

开放式的空间处理让客厅与其他功能使用区域没有实质性的隔断，利用地面高差和材料的差异勾勒出空间的层次。在色彩上运用干净的蓝色和白色，清爽自然。装饰细节上利用色彩的不同加上圆弧形的造型烘托，让墙面多出了几分柔和的变化，起着画龙点睛的作用，清爽干净中又有浪漫柔和的感觉，让人感受到爱琴海吹来的海风。

01 木梁天花的处理一方面很好地修饰了梁，另一方面为空间点出了风格的设计元素。

02 圆拱的处理宛如一道门套加强了空间的层次感，不露痕迹地分隔了客厅和阳台的休息区域。

03 纯净的蓝色背景衬着白色的壁龛墙面，演绎着地中海式的浪漫，怎能不让人遥想起地中海的那片蓝。

快乐蜗居 | 彩虹下的紫罗兰

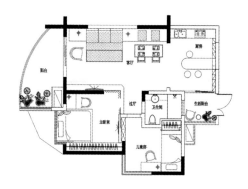

设 计 师：方峻
项目地点：成都市
建筑面积：60平方米
主要材质：马赛克、壁纸、手工毯、钢化玻璃、透光板

在整个空间中以白色为主色，紫色和绿色作为点缀。从餐厅到厨房，从客厅到卧室，从过道到卫生间，从地面到墙面，从餐桌到茶几，都选用了马赛克拼作紫罗兰花朵。在整个餐厅与客厅的区域中，选用一条长长的发光灯盒作为连接，使整个空间不至于零散，晶莹剔透的水晶玻璃和硬朗的不锈钢配件，整个空间柔美而不失大气阳刚。

01 在客厅与餐厅的区域中，吊顶上选用一条长长的发光灯盒作为连接两个区域的桥梁，使整体空间浑然一体。

02 卧室的窗帘选用了轻柔朦胧的细纱，细纱上点缀一朵朵花朵，使人犹如置身于大自然中，体现清新婉约的田园风。

03 巧妙利用空间，将实用美观的餐桌与厨房紧密相连，形成一个开放式的烹饪和就餐空间。

04 从客厅到餐厅到厨房，以白色为主色选用了马赛克拼作许多紫罗兰花朵装饰其间，整个空间个性十足。

快乐蜗居 | 材质的和谐

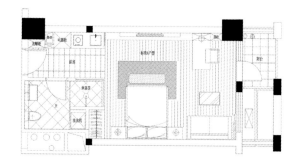

设　计　师：赵明明
项目地点：杭州市
建筑面积：75 平方米
主要材质：白橡木金刚板、仿古砖、白橡木饰面板、黑镜

本案为一单身公寓，不同功能区融合在一个小空间里，彼此间没有什么界线，开放式的处理让休息、阅读、操作区各得其所。白橡木的大量使用让空间更加协调，走道的地砖采用了与木色接近的砖，让空间和谐感进一步增强，打造出舒适自然的生活状态。

01 吊顶没有做过多的处理，只是包住原来的梁，按照不同区域的灯光需求设置相应的点光源，电视背景墙一侧的暗藏灯带，让空间多了几分含蓄的表情。

02 透明玻璃的设计有效改善了卫生间的采光，百叶帘保证了卫生间的隐私性。

舒适两房

舒适两房 | 自由混搭

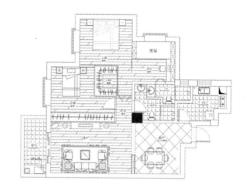

设 计 师：金桥
项目地点：武汉市
建筑面积：110平方米
主要材质：红樱桃木金刚板 、青砖、墙绘、壁纸

在空间的风格设计上，巧妙地运用古典元素，渲染出空间古典优雅的气息。不同材质的搭配以及摆设的配搭上，打造出一个混搭的空间。

01 传统精致的木雕，成为空间的视觉焦点，注入了一点古典元素，让空间呈现混搭的和谐特质。

02 青砖的拼叠作为撑起木层架的中心点，简易隔板的搭接，书籍整齐有序的摆放，营造出古朴淡雅的空间。

03 青色地砖拼贴出独特的纹理与质地，表现出材质的粗犷，试图与木地板形成鲜明的对比，来为空间增加厚实感。通过两种材质的区分，划分出了客厅与餐厅的区域。

舒适两房 | 流线型造型带来的现代气息

设　计　师：陈杰
项目地点：惠州市
建筑面积：105平方米
主要材质：灰镜、皮革硬包、玻化砖、壁纸、仿古砖、黑晶玻璃

01　02

空间采用了经典的黑白色调体现出现代时尚气息，搭配米色系的地砖、地毯增强了舒适感。流线型的造型贯穿整个空间设计，削弱了直线条带来的生硬感。家具局部暗藏灯带，使得空间整体更显轻盈。

01 白色硬包与灰镜构成电视背景墙，两种材质形成虚实及色彩上的对比，搭配曲线型的电视柜，整体表现出简洁的现代风格。

02 米色软包突出了卧室空间的舒适性，一道横向灰镜装饰灯盒成为空间视觉焦点，朵朵磨砂花纹图案使空间更显唯美。

03 衣柜、书柜与床呈现出一体化设计，局部圆角处理与空间整体造型相呼应，暗藏的灯带使得白色家具更显轻盈。

04 入户的休闲空间与开放式厨房以透明玻璃隔断相隔，墙面竖纹壁纸加强了两个空间的联系，整体显得更为宽敞、开放。

舒适两房 | 现代中式

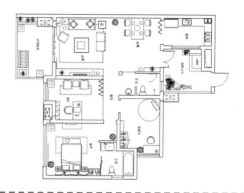

设 计 师：四川中英致造设计事务所
项目地点：成都市
建筑面积：110 平方米
主要材质：米黄大理石、灰镜、云纹大理石、柚木金刚板、有色面漆

01

02

本案以中国传统装饰设计，古典而不失时尚的云纹为主线，贯穿整个作品，力求简洁中透出精致、古朴。客厅和餐厅遵循原建筑设计思路，配以考究的现代中式家具和传统装饰造型，营造充满现代中式韵味的氛围。

01 餐厅墙面的云纹流畅雅致，搭配沙发背景墙的"回"字纹，与吊顶的镂空造型，呼应了整个空间的装饰主题。

02 墙上的云纹装饰别有韵味，呈现传统元素的新时尚，温润的木色打造出质朴的和谐效果。

03 主卧墙面使用红色写意花的丝绒壁纸装饰墙面，色彩花纹极具感染力，贴近主题且富有韵味。

舒适两房 | 推墙而居

设　计　师：刘威
项目地点：武汉市
建筑面积：98 平方米
主要材质：玻化砖、灰镜、皮纹砖、马赛克、壁纸、黑镜、银镜

空间布局上摒弃了各种隔墙方式，书房、客厅、厨房、餐厅各个功能区有机地融为一体。整个空间黑白两种色彩为主，让人感受到沉稳大气的空间氛围。局部根据不同功能区运用了蓝绿、驼色、黄色等跳跃的色彩，活跃了整体气氛。家具与陈设成为诠释空间的主体语言，表达出空间的强烈个性，洋溢着现代气息。

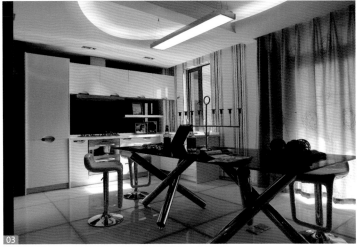

03

01 流线型设计的主卫空间采用银色的马赛克贴饰，富丽之余，也显得干净清爽。

02 在客厅里，一组沙发和一个简易书桌，凸显其功能性，墙上是两幅抽象的壁画，为空间增添了些许艺术气息，加之客厅里的太空椅和一些个性坐凳，让空间显得个性十足。

03 厨房与餐厅共用一个空间，大方且实用。

舒适两房 | 浓厚儒雅的新中式

设 计 师：童武民　李信伟
项目地点：上饶市
建筑面积：110平方米
主要材质：米黄洞石、壁纸、黑木纹大理石、泰柚木金刚板、玻化砖、布艺软包

　　本案无论是室内家具的风格，还是整个内部装饰，中式传统文化的内涵都被诠释得淋漓尽致。总体布局对称均衡，端正稳重，而在装饰细节上精雕细琢，富于变化，充分体现出中国传统美学精神。整体风格上把握了大气和稳重的家居氛围，大量使用实木，奠定了中式基调。而凳椅、屏风、茶几、书桌、画案等中式风格家具的融入，彰显出一种内敛而高贵的风范。

01 深咖啡色布艺软包与木色相近，沉稳、厚重，映衬着富有传统色彩图案的床品，中式的神韵立刻尽现。

02 餐厅一角由盆栽与白色洗米石构成的景观小品，修饰了空间的死角。三扇造型简洁的实木隔扇同时避免室外的阳光直射。

03 光洁的米黄洞石与现代的中式家具相得益彰，彰显出一种内敛而高贵的风范。

04 实木家具柔和的质地，淡淡的木香和细腻的纹理，让家中充满了书香门第的雅致与韵味。

舒适两房 | 阳光灿烂的日子

设 计 师：张礼斌
项目地点：福州市
建筑面积：85 平方米
主要材质：高密度板、壁纸、彩色水泥漆、彩色瓷砖

设计师打破了原建筑规矩的空间，自由的斜线构图，使得空间充满动感。餐厅的立柱处理别具匠心，一面为电视背景墙，一面为餐厅，另一面正对玄关。大胆的配色为整体增色不少，空间犹如一场音乐会，浓浓的大红是热情的钢琴主奏，明艳的橘黄是小提琴伴奏。

01 02

03

04

01 结构柱被巧妙地设计成空间的中心点，不规则的形态充满了动感，纯正的红色彰显着热情与活力。

03 开放式的设计最大限度地引入了自然光线，视线的相互渗透使得空间无形中得以放大。

02 白色的书桌采用了自由的折线形，与墙面层架相呼应。橙色的书柜既可陈列物品，又起着分隔空间的作用，几何的构图形式使之与整体环境相协调。

04 订制的玻璃餐桌轻巧、灵动，餐区不再是中规中矩，搭配色彩明快的彩色餐椅，一切都显得自由而随意。

舒适两房 | 栖居—现代中式

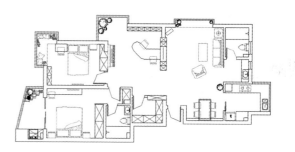

设 计 师：庄磊
项目地点：南京市
建筑面积：110 平方米
主要材质：仿古砖、砂岩、壁纸、白橡木饰面板、灰镜

几何块面的处理手法，横平竖直的线条勾勒，平实之中呈现理性美感。采用极简的蓝灰色沙发搭配中式风格的屏风，高大的绿叶植物搭配简单的背景墙，盆栽软化了古典和现代的硬朗，让古典与现代结合，有了一种恬静。

01 空间简单干净，雕花隔断色泽暗哑，造型古典，高雅大方，透空的设计保证视线流畅，采光自由。

02 利用砂岩的错位凸起，塑造出墙面的立体效果，创造出视觉的不规则变化。

03 多宝格的木制隔断的功能性和实用性兼具，给客厅书房带来强烈通透感的同时，也充当了电视柜。

舒适两房 | 前卫另类流光溢彩

设 计 师：黄书恒　欧阳毅　陈佳琪　王建益　胡春惠　胡春梅
项目地点：台北市
建筑面积：95 平方米
主要材质：黑色烤漆玻璃、壁纸、雪白银狐大理石、银镜、浮雕木纹地板

空间整体风格前卫另类，极具个性化，黑与白的色彩搭配给人一种强有力的视觉冲击。大面积的黑色烤漆玻璃、银镜与或黑或白的方格装饰塑造出严谨的空间基调。晶莹的水晶灯饰、玻璃制品等为空间注入一丝时尚气息。造型优雅的家具同样以黑色与米白色为主，柔软的质感带来舒适温暖的感觉，简约中又不失温馨。

01

02

01 卫生间不仅满足使用功能，同时非常注重装饰的美观性，整面的银镜上装饰一个镜框，暗示功能性的同时，兼具装饰作用。

02 客厅是主空间，餐厅格调与客厅统一和谐，黑与白的色彩搭配给人一种强有力的视觉冲击。

03 餐厅墙面大面积的黑色烤漆玻璃，白色线条镶嵌其中，形成了鲜明的对比，给人一种时尚气息。

04 主卧背景墙面是黑底白色印花图案的壁纸，白色系的主调具有强烈放射光线的能力，可以使房间看上去更明亮。

舒适两房 | 时尚与温馨之家

设 计 师：段晓东
项目地点：杭州市
建筑面积：105 平方米
主要材质：黑色仿古砖、壁纸、不锈钢、实木花格、斑马木饰面板、马赛克、
黑镜

整个房子的风格定位为现代简约，但又不失温馨感。整空间造型以直线条为主，干净、利落。设计师大胆地运用了黑色仿古砖，搭配局部不锈钢等亮光面材质，为空间注入了强烈的时尚气息，浅驼色壁纸与家具则协调了前两种材料的生硬感，局部雕花板的运用赋予空间婉约的气质。

01 客厅吊顶采用了非常精致的"回"字石膏板来装饰，看上去既美观简洁又不降低层高，加上客厅正中间的水晶吊灯，把整个客厅烘托得现代感十足。

02 卫生间的造型非常独特，两个圆形的造型，一边为淋浴房，一边为马桶，中间为收纳柜，加上整个的金属马赛克面墙，顶部蓝色的灯光，让整个洗浴空间前卫而时尚。

03 餐区利用门套与入户玄关区隔，不锈钢材质和厨房移门、展示酒柜相呼应，为空间注入了一丝现代时尚气息。

舒适两房 | 蜜巢

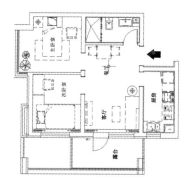

设 计 师：王锐
项目地点：沈阳市
建筑面积：90 平方米
主要材质：镂空板、白橡木金刚板、暗紫色烤漆玻璃、壁纸、仿古砖

在浅灰色与浅米色构成的基调中跳跃着浓重的暗紫色，赋予整体高贵、优雅的气质。蜂窝状的镂空板形成的肌理统领了整个空间，成为视觉焦点。照明方式除了餐厅一盏极富装饰感的吊灯，其余皆以筒灯和暗藏灯带相结合，营造出既柔和又有对比的照明环境，同时保持了空间的简洁性和完整性。

01 一张式样简洁的组合式儿童床沿墙而放，尽可能多地留出活动空间，紫红色沙发及靠枕与其余空间色彩相呼应。

03 白色镂空板由立面延伸至顶部，暗紫色的烤漆玻璃衬于其后，形成丰富的视觉效果，同时将餐厅与客厅有机地连为一体。

02 一盏装饰小吊灯暗示出就餐空间，紫红色灯罩与餐椅、客厅沙发形成色彩上的呼应。

04 卧室书桌与床连为一体，上部设置吊柜，最大限度地提高空间的使用效率。局部银镜的使用形成虚实对比，空间亦变得更开阔。

舒适两房 | 时尚的黑白世界

设 计 师：刘卫军　黄昌浪
项目地点：福州市
建筑面积：110平方米
主要材质：银镜、灰镜、壁纸、玻化砖

通 过黑白的对比运用，精致、时尚的家具陈设，我们将在本案再次体验到一种至简、至纯、至真的现代结构美。

01 厨房白色台面延伸至餐厅，形成宽大的餐桌，与地面折线形图案相呼应，搭配黑色皮质金属家具，空间也更为整体。

03 卧室黑白条纹图案壁纸由床架延伸至墙面、吊顶，形成有机整体。具有曲线美的花朵形银镜嵌于墙面，与直线条纹形成对比，削弱了其单一性。

02 沙发背景墙大胆地采用了灰色印花玻璃，富有装饰性的曲线图案与充满时尚感的沙发坐椅相协调，空间个性十足。

舒适两房 | 色与光的秘语

设 计 师：刘卫军
项目地点：大连市
建筑面积：97 平方米
主要材质：泰柚木实木地板、地毯、彩色玻璃马赛克、灰网纹大理石、壁纸、
　　　　　沙比利饰面板

运用光与色的关系营造一种神秘的世界，同时将中东风格的神秘与热情在这里相互辉映，呈现出奇妙的异国风情。整个空间以蓝色、黄色为主色调，黄色印花壁纸、深色木纹板、蓝白相间的马赛克及绒面织物，营造出舒适、华丽而又神秘的空间。精心搭配的家具陈设非常到位，使得整个空间为之增色不少，流露出浓厚的异域文化底蕴。

01 主卧在宽大的飘窗上设置蓝色绒面软垫形成临窗座位，暗红色木纹板饰面的小抽屉极富实用功能，坐在此处品茗成为一种享受生活的方式。

03 餐厅内嵌式宝蓝色沙发形成餐椅，增加了就餐的舒适感，同时也使得餐区面积更为宽松、舒适。

02 花纹瓷器台灯带着浓郁的中式味道，与精致的镜框相搭配更有趣味性。

04 蓝色绒布沙发夹杂着的金边与富丽奢华的织物营造出舒适、华丽而又神秘的空间，让人仿佛置身遥远的中东世界。

舒适两房 | 利用混搭凸显出的优雅华贵

设 计 师：凌奔
项目地点：深圳市
建筑面积：115 平方米
主要材质：雕花玻璃、木纹石地砖、白橡木饰面板、皮革软包、灰镜、
　　　　　壁纸、烤漆玻璃、不锈钢

在 这个案例中我们感受到多元化的设计风格，客厅里有淡淡的东南亚风情，餐厅里溢出满满的欧式奢华；卧室里又是一派现代时尚气息……诸多风格混合在一起，却能优雅共处，既显得和谐又凸显出优雅华贵的气质。空间上强调开放性，大量的玻璃、银镜及半通透的隔断运用，使得整体更加开阔、大气。

01 沙发背景墙饰以暖色暗纹壁纸，局部银镜饰面，形成虚实对比，一盏水晶落地灯，将会客空间衬托得更加轻盈、富丽。

03 餐厅墙面白色的圆形装饰整体类似立体雕塑，极具视觉冲击力。

02 卧室和卫浴间用玻璃分割，黑、白、灰的马赛克拼花贴面与背景墙的灰镜相协调，给卧室平添几分优雅华贵之气，配合整个空间的风格，华丽而大气。

04 餐厅里的坐椅凸显出欧式情怀，加上优雅的餐具摆设、个性灯具的装点，餐厅空间顿时显得柔美无限。

舒适两房 | 蕴含"画意"的家

设 计 师：徐经华
项目地点：长沙市
建筑面积：88 平方米
主要材质：水曲柳饰面板、壁纸、仿古砖、竹子

设计师在构思过程中受到清代郑板桥先生的画——"竹子"的启发，以竹叶为主题，运用类似画中黑白线描的方法表达"家"的无穷意义。首先，在原有建筑平面上做了不少改善：门厅增加了玄关与储物间；开放式的洗漱间恰巧形成空间隔断，卫生间变宽了；卧室之间做了衣柜充分利用空间。其次，水曲柳饰面板均采用深蓝色漆修色处理，个性独特，很有生活的韵味。最精彩之处是墙面运用手绘竹叶，虚实结合，为空间注入了独特的文人气质。

04

01 黑白相间的布艺沙发与墙角手绘竹叶相映成趣，让人不由遥想起中国传统水墨画，简单的空间亦变得内涵丰富。

03 卧室简单的几块层板组合而成的书架表现出强烈的构成感，门套上部黑色线描竹叶图案既呼应了空间主题，又起到平衡视觉的效果。

02 洗手台隔墙设计别具匠心，恰好遮挡了卫生间入口的视线。"L"形的镜面装饰着竹叶图案，与空间主题相吻合。

04 手绘线描竹叶围绕着那七根竹子茁壮生长，虚虚实实，清晨阳光洒落进来，仿佛听见一阵阵微风吹拂叶子的声音。

舒适两房 | 蝴蝶夫人

设 计 师：宋建文
项目地点：上海市
建筑面积：110平方米
主要材质：壁纸、烤漆玻璃、艺术浮雕板、红樱桃木金刚板、
　　　　　仿古砖、银镜

本案设计师主要采用白色
调，有意加上闪亮的金色、
银色作为点缀，注重诗意表现
的同时不忽略空间的实用性，
合理安排生活起居的整体布局。
设计师为了突出主题，在大厅
背景墙上贴上金色的壁纸，几
只极具灵动性的蝴蝶在翩翩起
舞，还有一位婀娜的女人，线
条优美的侧脸，在静静地沉思
着，美得让人屏住呼吸。

01 客厅吊顶小圆弧的浮雕石膏板摇曳生姿，和餐厅隔断镂空优雅相呼应，给空间增添了一丝婉约。

02 规则排列的黑白皮革软包活泼跳跃，与窗帘相呼应，其黑白的色彩凸显了卧室的灵活性。

舒适两房 | 苏杭风韵

设 计 师：李珂　郭新霞
项目地点：商丘市
建筑面积：130 平方米
主要材质：灰砖、青石板、沙比利金刚板、实木花格

原建筑空间较为方正，通过设计师对于局部的调整，强化了空间的通透感。大面积的留白，赘述不多，灰砖绿瓦间却蕴含悠远的意境。软装的巧妙利用成为设计的亮点，中式窗格、金箔六扇屏以及祥云图案的提炼，配合简约古朴的家具，高雅、致趣；水景、鸟笼、瓷器、抱枕，细节中无不体现出宁静闲适、悠然的生活理念。

01　02

03

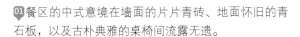

01 餐区的中式意境在墙面的片片青砖、地面怀旧的青石板，以及古朴典雅的桌椅间流露无遗。

02 透过墙面的实木隔扇隐约可见客厅的茶室区，无形中扩大了空间的纵深感。

03 设计师对于家具与陈设的精心搭配提升了整体空间品质。无论是以荷花为主题的金箔六扇屏还是青花瓷台灯，都蕴含着无限的雅致与风韵。

04 设计师利用原有客厅阳台，构成了相对独立的茶室。一张罗汉床、一个木制鸟笼赋予空间独特韵味。吊顶暗藏轨道，可灵活控制布帘，增强了空间的实用性。

舒适两房 | 东情西韵

设 计 师：吕文胜　丁晓玲　杨施暖
项目地点：广州市
建筑面积：129.5 平方米
主要材质：壁纸、玻化砖、泰柚木金刚板、浅咖网纹大理石、银镜、中式花格

中式的厚重人文底蕴为人推崇，有着五千年历史的沉淀，彰显东方人文神韵；西式的华丽典雅，高贵大方，是高品质生活的典范。本案将讲究质朴、雕琢的中式和浪漫、奢华的欧式风格结合在一起，通过造型、材料、装饰等，完美地诠释了中式文化神韵与欧式的尊贵气质。

01 欧式的沙发和茶几，而一旁却是中式的圈椅，米黄色与深棕色结合得如此协调、不唐突，中式和西式完美地碰撞。

02 家具上随处可见传统小件，每一个细节都追溯和演绎着中式传统文化的精髓。

03 当中式"回"字纹与白色的欧式床具邂逅，演绎出现代与传统的碰撞，中西家居文化的精髓在此弥漫。

舒适两房 | 黑白物语

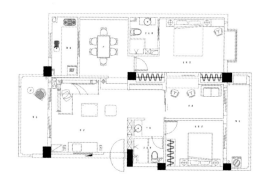

设 计 师：杨帆
项目地点：福州市
建筑面积：108 平方米
主要材质：金属仿古砖、布艺软包、银镜、黑镜、金刚板、钢化玻璃

01

设计中大量地使用玻璃及银镜，充分利用玻璃的特有属性将原有空间打破，尽量增加每个空间的延伸感。在原建筑结构上主卧卫生间是没有光线的，设计时运用了大面积的玻璃来增加采光，既节约了成本又加强了空间感。入口的超长鞋柜，主卧室里男女分开使用的衣橱，客房里的储藏柜都被很好地融入空间中，成为空间不可或缺的一部分。

01 餐厅大面积的黑镜上挂上一幅色彩浓烈的现代装饰画，与黑色皮革的金属家具相协调，彰显出空间的独特个性。

03 书房延续了整体现代简约的设计风格，玻璃推拉门最大限度地引入了户外自然光，搭配不锈钢拉手，整体干净、利落，线条硬朗。

02 书房与客厅的过渡空间设计了一组陈列柜，黑色镜面底板与白色柜体、层板形成强烈对比，更好地把陈列的饰品展示出来。

舒适两房 | 灯光展现华美情调

设 计 师：严晨
项目地点：深圳市
建筑面积：100 平方米
主要材质：斑马木金刚板、斑马木饰面板、银镜、金箔花纹壁纸、仿古砖、银色马赛克

设计师用简洁的手法来处理空间，客厅里的布置让空间显得开阔明朗了许多，木纹的墙面更显自然韵味。浅色的金箔花纹壁纸搭配斑马木饰面板带来和谐的视觉效果同时，营造出了空间高雅的格调。

01

02

01 大面积的银镜随意地立在墙边，给规矩的空间带来一丝不羁，也使空间开阔了起来。

02 乳白色的皮质沙发和深色的木纹形成强烈的视觉冲击，色块拼贴的地毯起着画龙点睛的作用，雅致的色彩在灯光的映衬下含蓄优雅。

03 阳台增设一卫浴池，防腐木围合，水晶帘的装饰唯美时尚，在此泡个温泉浴，再舒适不过。

04 卫浴间里银色的马赛克贴面与黑色仿古砖形成强烈反差，让人眼前一亮，顿觉开朗。

舒适两房 | 馥郁

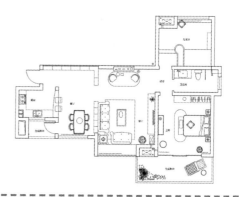

设 计 师：四川中英致造设计事务所
项目地点：成都市
建筑面积：90 平方米
主要材质：银镜、红色玻璃、米黄大理石、壁纸

透过葡萄美酒这一载体，提炼欧洲文化并和室内装饰艺术充分结合，让风靡世界的红酒文化展示其自身健康、馥郁、贯通中外的独特魅力。特别是入口门厅结合餐厅部分包裹以大体量的红色玻璃酒架，开门见山直奔主题，带来极致的视觉张力。

01 大花白大理石的墙面，以金色马赛克配搭银色的成品洗脸台，在灯光照射下熠熠生辉，精致而又大气。

03 银色的柜体和床品及玫红色的吊灯，犹如红酒与器皿般和谐、优雅。

02 客厅犹如复古高雅的法式情调的沙龙，通过天花满贴的镜子，将墙面具有浓郁欧陆风格的白色墙板墙裙纵向拔高，在视觉上显得大气豪华。

04 红色玻璃酒架把过于冗长的客厅餐厅混合空间分隔成两个相对独立的空间，增加了层次感和功能性。

舒适两房 | 梦江南

设 计 师：刘威
项目地点：武汉市
建筑面积：112.7 平方米
主要材质：染色水曲柳饰面板、有色面漆、仿古砖、马赛克、银镜

利用玻璃、镜面及实木花格分隔空间，尽可能地扩大视野。色彩搭配也非常讲究，以白色、浅灰色搭配粉绿色为底，以暗色家具点缀。绿色的运用既增加了空间的意味和情调，又让人感受到空间的跳跃和灵动。

01 极富现代感的白色吧台形成入户对景，清荷壁画、实木隔扇更增添了空间悠远的意境。

02 餐厅中间的绿色涂料延续到吊顶，地面采用了同色的马赛克铺贴，上下呼应浑然一体，同时有别于周围墙面。既区分了空间，而连在一起的绿色又提高了人的食欲。

03 绿色肌理漆与变身为洗手台的暗红柜体相映衬，搭配青花瓷盆、实木花格，空间尽显优雅和别致。

04 客厅以家具陈设为空间主角，传统的圈椅、彩绘箱子和优雅的欧式古典沙发、描金电视柜，形成一场恍如穿越时空的对话，流露出浓厚的文化韵味。

舒适两房 | 丰满而又随性的小生活

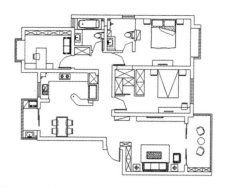

设　计　师：庄磊
项目地点：南京市
建筑面积：126平方米
主要材质：仿古砖、马赛克、流苏、壁纸

01

中式的玄关柜、低调单纯的布艺沙发、现代休闲的吧椅、书房酷劲十足的书架、自然纹理素雅的餐桌，当现代与中式融会贯通的时候，丰满随性的空间感受总能让人细细品尝其独特品质。

01 客厅里温馨低调的布艺沙发、自然纹理素雅的木作茶几，在灰色墙面的映衬下显得宁静素雅。墙角白色装饰柜与入口鞋柜有机地形成一体。

02 主卧和卫生间之间的实墙拆除，仅留一面马赛克贴饰的墙面，其余采用以玻璃为主，并加以线帘的隔断，空间开阔了许多。

03 书房里的墙面以大红为主色，配上造型粗犷的黑色书架，两者相得益彰，和谐统一。

舒适两房 | 炫·紫醉

设 计 师：康华
项目地点：深圳市
建筑面积：89 平方米
主要材质：米黄大理石、黑金花云石、紫檀木地板、壁纸、不锈钢、
布艺软包、银镜

本案的设计概念源于普罗旺斯的紫色浪漫情调。围绕设计定位，整体色调以银灰色系搭配紫色。软装设计非常出彩，丝绒沙发的舒适，晶莹剔透的水晶吊灯，奢华时尚的设计风格，每一个细节都完美地演绎，奢华艳羡的生活，性感时尚的格调都在此璀璨盛开。

01 紫红色的软包与同色系的床品映衬着大量的银镜、不锈钢、银箔等亮光材质，形成软硬、冷暖的对比，低调的奢华感洋溢其间。

03 曼妙的曲线由天花石膏板延续到墙面实木花格，质感的区别使之既整体又富于变化，与充满时尚气息的家具、陈设共同编织出奢华艳美的生活场景。

02 墙面大面积的银镜将客厅与餐厅有机地连为一体，空间无形中得到扩大。局部深色装饰暗示了客厅空间的中心区域感，并形成虚实对比，成为视觉中心。

04 书房采用了大量的银镜、不锈钢等材质，使得半封闭的空间显得轻盈、开阔，不锈钢框边的茶色玻璃门，既解决了日常采光，又使得空间更具时尚感。

舒适两房 | 黑色演绎出的尊贵

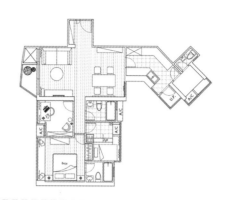

设 计 师：叶绍雄　邓子豪
项目地点：香港
建筑面积：100平方米
主要材质：壁纸、斑马木实木地板、黑镜

无论是墙面、软装还是家具板材等，不同质感的黑色丰富着整个视觉空间。客厅素色横纹壁纸在整个空间中显得特立独行，空间中的留白使之脱颖而出。地面纹理清晰的实木地板给这个冷峻的空间注入了一丝自然的暖意。

01 餐厅布置了一面放满了相片的特色墙壁，经过一番排列之后，利用黑色和金色的相架，形成空间中最悦目的焦点。

02 客厅和餐厅空间因墙面有机地融为一体，素色的横纹墙纸与黑色墙纸形成反差，暖色木地板衬托着黑色亮光家具，空间尊贵而神秘。

舒适两房 | 舒缓的家

设 计 师：黄松水
项目地点：汕头市
建筑面积：100 平方米
主要材质：墙面白色抛光砖、灰色仿古砖、木地板

设计师通过色彩和造型的变化，营造了一个安静祥和的家，让不同的空间在变化中得到融合。黑、白、灰等色与浅木色相协调，奠定了空间主基调，随意点缀的红色、绿色使得空间更为活泼。无论是客厅还是餐厅，暗藏的灯带、墙面横向的分隔缝及黑镜装饰条都强调出水平方向感，空间更显平和宁静。

01 电视背景墙与书房共用一面墙，既使得书房有独立的空间，又让客厅不过于开阔。旁边的玻璃拉门保证了隔音效果。

02 卧室充分遵循了空间减法的原则，让一切杂乱都隐藏起来，只有简约的布置和清透明亮的空间质感。隐藏式的灯光设计，在提供足够光线的同时亦不破坏整体的美感。

舒适两房 | 在水一方

设 计 师：邓子豪　叶绍雄　李伦昌　潘伟明
项目地点：香港
建筑面积：108 平方米
主要材质：壁纸、银镜、地毯、白色烤漆面板、钢化玻璃

本案以银、白两色为主，衬以主题颜色——湖水蓝的摆设和家具，优雅出众，同时与户外湖光山色自然衔接，浑然一体。开敞式厨房，与客厅、餐厅有机地成为一体。书房和卧室采用透明玻璃门分隔，视觉更为开阔。银白色的壁纸为整体空间增色不少，同一图案的运用，加强了空间的整体性。银镜、玻璃的运用最大限度地引入了室外景观，整个空间弥漫着淡淡的自然气息。

01

01 设计师将客厅沙发背景墙银白色壁纸的独特花纹，抽象刻画在电视背景墙上，客厅中间的粉蓝色地毯亦用上同样的花纹，匠心独运。

02 设计师以落地玻璃门把卧室与工作室连接，并以树干图案的壁纸贴饰工作室的墙身，令视野更广阔，充满时代感。

03 餐厅墙面亦全面采用银白色壁纸，衬以著名"Sky Garden"吊灯，灯罩内设有花样浮雕，增添餐厅的艺术气息。

舒适两房 | 浓情混搭风潮

设 计 师：左江涛
项目地点：西安市
建筑面积：118平方米
主要材质：仿古砖、玻璃马赛克、文化石、橡木饰面、壁纸

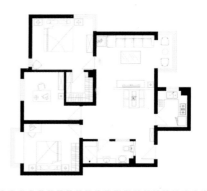

本案在设计中运用了丰富的设计元素，中式、欧式、田园等几乎弥漫到了房间的各个角落，是纯粹的混搭风格。仿古砖、马赛克、石头、原木、藤等材质的运用，让整个空间充满了大自然的气息。浓烈的色彩运用是本案一大特色，同时也区分出了各个不同空间。客厅、餐厅选用了包容性很强的赭石色，儿童房则用嫩绿色来表现孩子活泼的天性，书房宁静的钴蓝色、主卧深绿色雨林壁纸等斑斓的色彩传递出主人对生活的热爱。

01

02

03

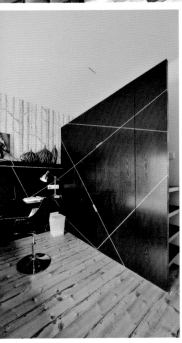

01 树杆的壁纸和仿旧的木地板，又仿佛把我们带到了田园之间，享受那份浪漫悠闲。

02 一幅墙绘美景丰富了简洁的墙面，让人遥想起地中海的那片蓝。

03 本案客厅区域为一斜顶，比一般的楼房高，做两层又不够，设计师在沙发座位上方设计了一小段楼面，视觉上营造两层的SOHO效果，扩大空间的尺度感，照片墙的设计精美出彩。

04 白色的墙面与黑色的电视柜以其明确的几何之美，成为空间一道后现代的缩影。黑白直线装饰牢牢吸引着视线，简单出彩。

舒适两房 | 9 度

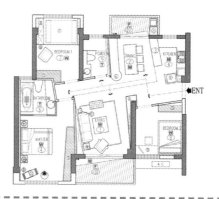

设 计 师：陈方晓
项目地点：厦门市
建筑面积：102 平方米
主要材质：烤漆玻璃、仿古砖、红樱桃木金刚板、玻璃马赛克、皮革软包

原本拘谨呆板的空间在设计师的笔下轻转 9 度后，变得生动而富有活力。9 度旋转让进门的空间多出了玄关，本来与入门视角垂直的墙面因 9 度旋转而被逐一展现。9 度旋转让视线丰富，动线加长，无形中扩大了空间感。

01 利用卫生间的墙面所做的玄关造型，打破了入户空间的局促性，同时也给卫生间带来了光线。

02 墙面采用钴蓝色来渲染书房的宁静气氛是最合适不过的，同时与地面马赛克装饰边、条形窗帘互相呼应，整体和谐。

03 客厅和餐厅被设计师用半高隔断墙，做了明显的区域划分。墙面的材质，选择了天然质感很强的文化石，不仅美观，更渲染了整套设计所追求的自然、放松的气息。

04 主卧室则采用了芭蕉叶图案的壁纸，置身其中，闭上双眼，仿佛已经嗅到了热带雨林的气息。

舒适两房 | 美式风情

设 计 师：李舒
项目地点：南京市
建筑面积：118 平方米
主要材质：仿古砖、壁纸、泰柚木实木地板

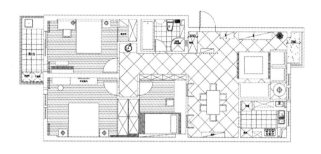

从玄关开始，罗马柱和白色卷草雕花镂空隔断诠释了美式的奢华与浪漫，无论是布艺沙发、餐桌、白色壁炉、欧式床、书柜、书桌等都传达出一份优雅的奢华，呈现了令人耳目一新、浪漫舒适的美式风情。

01 餐厅最主要的装饰是墙面的壁炉，色彩柔和的白色壁炉体积轻薄，金色的装饰纹样，尽显其精致优雅。

02 瘦长的白色罗马柱符合空间的比例，搭配白色卷草雕花镂空花格使空间拥有自然清新的通透感。

03 室内墙上开了两个窗户，有效地解决了房间的通风采光问题，圆弧的造型处理柔化视觉效果，不经意流淌出空间的风格特点。

舒适两房 | 阳光的印记

设 计 师：陈辉
项目地点：福州市
建筑面积：100 平方米
主要材质：柚木金刚板、黑胡桃木线条、车边银镜、玻璃砖、
　　　　　杉木桑拿板、仿古砖

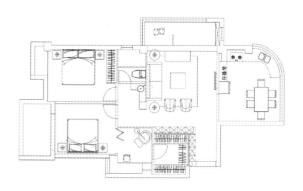

室内墙上没有过多的装饰，多处设计简单的置顶木制柜，丰富了空间的收纳功能，同时也使各个空间得以延续贯通，空间显得整体统一、十分和谐。过道的玻璃砖墙与两边的白墙构成了一幅轻松舒爽的画面，配上沙发背景墙的黄色肌理壁纸和木边框，视觉感丰富。墙面一侧伸出的树枝或站或飞翔的小鸟，让人看了不禁莞尔一笑，给客厅增加了几分情趣。

01

02

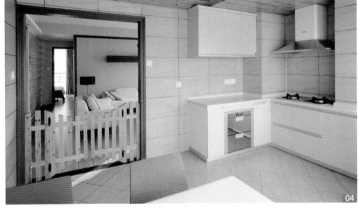

01 红色的坐椅和吊灯搭配白色的桌面和飘逸的纱帘组合出赏心悦目的餐厅区域，车边银镜丰富了墙面的层次，大大增强了装饰性。

02 暖色的沙发背景墙犹如一幅画，一枝树枝和小鸟给空间带来几分跳跃的气氛，不禁让人想起"满园春色关不住"。 巧妙的装饰把美丽融入舒适的风格之中。

03 木制搁架的墙面设计温文尔雅，充分利用梁与墙的尺寸差，顺势而为，倾斜的处理让整个墙面顿时生动起来，增加了空间张力。

04 一道门套加强了空间的层次感，杉木板打造的小木门表面以透明漆饰面简单而出彩，让干净的厨房多了几分自然的质朴。

舒适两房 | 四格之居

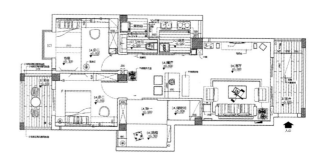

设 计 师：陈鸿杰
项目地点：福州市
建筑面积：113 平方米
主要材质：染色水曲柳饰面板、红砖、仿旧木地板

01 | 02

整体设计虽然都嵌入了现代的风格特征——简洁利落的造型语言，却利用颜色、造型元素及软装上的区分，做出了不同区域的四种风格分别是 SOHO 风格、后现代、地中海和田园风格。在表现各空间不同个性的同时，以黑色贯穿处理好整体的融合协调。

01 空间以间接照明为主，无论是顶部的发光灯带还是磨砂玻璃装饰灯盒，都共同营造出柔和的灯光氛围。

03 红色烤漆玻璃墙面利用墙体旋转后所产生的夹角设计了一内置壁龛，与镜面形成虚实对比，在灯光的衬托下熠熠生辉。

02 餐厅挑战着人们的传统观念，发光灯盒形成的沙发为空间注入了时尚都市气息，与流线型的潘东椅相得益彰，创造出另类的就餐体验。

04 电视背景墙兼具玄关端景的作用。玻璃墙内凸点石膏板具有特殊的肌理效果，与磨砂玻璃灯盒台面形成虚实对比。

舒适两房 | 清淡的薰衣草

设 计 师：吕文胜　邹成海　杨施暖
项目地点：清远市
建筑面积：110 平方米
主要材质：有色面漆、玻化砖、钢化玻璃

设 计师巧妙运用玻璃装饰，视觉上穿越了墙体的阻隔，虚实自如、互动渗透。于简约设计的同时丰富了空间的构成，在垂直空间中拉伸出了一块新的视觉空间。让人尽情享受颜色和材质带来的冲击力，感受薰衣草给空间带来的生活趣味。

01 空间无任何繁杂的装饰，独特的灯光设计使简单的墙面变得生动，流露出极简主义的特性。

02 厨房的玻璃隔墙与深色鞋柜形成了强烈的虚实对比，干净、利落，同时尽可能多地引入自然光线，使得入户玄关更为明亮。

阔绰三房

阔绰三房 | 分外妖娆

设 计 师：张欢
项目地点：武汉市
建筑面积：160 平方米
主要材质：印花灰镜、卷草纹壁纸、仿古砖、马赛克、红樱桃木实木地板
　　　　　银镜

本案有着属于它自己能被一眼识别的符号，犹如卷草花纹，在空间中一一贯穿，随时得到呼应。设计师运用了色彩的搭配与材质的特性，使空间的美感得以充分呈现，让它有了自己的灵气后分外妖娆。同时新贵族式的家具也是空间不可缺少的部分，处处精彩却不显得杂乱。

01 卷草花纹壁纸和印花灰镜组成的电视背景墙，块面结合，虚实相间。电视柜块面造型，展现出强烈的体积感，形成了视觉冲击力。

02 菱形仿古砖铺贴墙面，再加以小面积的菱形茶镜点缀，使墙面更加富有层次感的变化，让卫生间的设计也显得精彩无比。

03 欧式的拱门造型装扮于空间中，展现了线条之美，同时也暗示了空间的区域。

04 中性色调的布艺软包饰面，在柔和的光线下，打造出立体感。再搭配两侧的卷草纹灰镜，美化空间的视觉效果。

阔绰三房 | 银镜带来别样感受

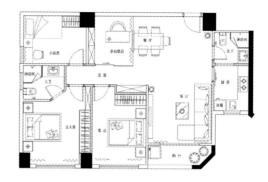

设 计 师：吕文胜　邹成海　杨施暖
项目地点：清远市
建筑面积：128平方米
主要材质：花纹银镜、钢化玻璃、玻化砖、皮革软包、壁纸

设计师以柔和的米黄色作为空间的主色，墙面及吊顶面处理都是采用最简练的直线元素，利用现代的手法和材料，运用不同的元素来表现空间的简约。特别是使用银镜和透明玻璃装饰空间，在多个角度延伸空间，让空间充满变化。

01 客厅沙发背景墙采用了整面银镜铺贴的方法，打造出空间宽敞通透的视觉效果，两边花纹银镜起到了装饰效果。

02 花纹银镜的使用，不仅丰富了光影变化，而且与客厅沙发背景墙的图案如出一辙，空间各区域和谐统一。

03 空间使用透明玻璃作为书房的隔墙，展示架契合空间特点，背贴银镜，形成丰富的层次，同时保证视觉没有压迫感，削弱过道的局促感。

阔绰三房 | 富有层次的完美空间

设 计 师：陈颖
项目地点：东莞市
建筑面积：120平方米
主要材质：仿古砖、银镜、壁纸、布艺软包

01

本案在空间处理上打破常规，利用大尺度的圆弧门洞将厨房和餐厅、客厅连成一体，
达到视觉的延伸效果，扩大了空间感；装饰元素的强调应用，精致的装饰线条在
空间墙面、顶面的重复出现，无处不在的精致与仔细推敲的细节提升了空间的气质，体
现出高品位和质感的家居风格。

01 空间以米黄色作为主色，配合不同质感的材质来呈现空间高雅的气质，体现出舒适优雅的韵味。

02 进门可以看到一个较长的过道，设计师利用两道门套的设计，一方面充当客厅的屏障作用，另一方面打造出空间的景深和层次感，实现了空间的叠加效应。

03 卫生间宽度很小，在面对面的墙面设计双重银镜，利用镜面的镜像，消除空间的局促感。

阔绰三房 | 泰式风情

设　计　师：黄治奇
项目地点：佛山市
建筑面积：122 平方米
主要材质：泰柚木饰面板、泰柚木金刚板、亚麻编织壁纸

本案具有浓厚的泰式风情，应用了大量的实木和肌理壁纸，大幅佛像装饰画赋予客厅静雅的气息，搭配白色的沙发、实木的家具、木制的墙面背景，共同打造一种低调沉静的泰式风情。

01 实木隔栅沙发背景墙传递出空间沉稳的气质，搭配亚光的
金色浅纹装饰画，空间的泰式风情更加浓厚。

02 书房里亚麻编织壁纸营造了一个轻松自然的环境，长条形
的书桌节约了空间，给一旁的折叠沙发床预留除了空间。

阔绰三房 | 清新的欧式田园风

设 计 师：刘克
项目地点：南京市
建筑面积：124 平方米
主要材质：有色面漆、壁纸、银镜、紫檀木金刚板、皮革软包

在 这个案例中，设计师打造出一种清新的欧式田园风。墙面以黄色为主，衬托着奶白色家具。客厅宽大的布艺沙发及壁纸都采用了田园风中常见的碎花主题，色调淡雅的图案将田园风格中的自然、和谐表露无遗。

01 餐厅一侧设置了一组备餐柜，随意地摆放两个吧凳，转身便为休闲吧。车边镜面的运用无形中扩大了空间感。

02 入口处两根白色罗马柱之间放置着白色鞋柜形成玄关区域，与吊顶造型共同界定出走道与客厅空间。

03 卧室里满墙的碎花壁纸和同系列的床品让人感受到轻柔烂漫的春光，搭配白色欧式古典家具，自然的田园风显露无遗。

04 餐厅墙面设计了一扇白色拱形窗，内嵌银镜搭配轻柔的窗纱，空间亦真亦假，引人无限遐想。

阔绰三房 | 简约风

设 计 师：吴楚淮
项目地点：东莞市
建筑面积：125 平方米
主要材质：仿古砖、米黄云石、浅绿色烤漆玻璃、花纹银镜、绒面软包

空 间的整体色调以黄、白为主，局部点缀黑色。造型以直线条为主，块面感强，简洁、干练。局部图案玻璃的运用使得整个空间更为时尚、活泼。

01 电视柜采用米黄云石和镜面结合的方式，虚实的体块穿插对比，卷草纹银镜极富装饰感，削弱了平整电视背景墙带来的生硬、冰冷的感觉。

02 儿童房的面积相对较小，所以儿童房的设计也相对精致些，书架、书桌、床头柜连成一身，自然而实用，充分地利用了有限的空间。

03 餐厅墙面采用光洁的绿色烤漆玻璃装饰，从整个空间中独立出来，局部印花图案增加了空间的细节和美感。

阔绰三房 | 心・港湾

设 计 师：康华
项目地点：深圳市
建筑面积：132 平方米
主要材质：米色云石、壁纸、泰柚实木木地板、泰柚木饰面板、
　　　　　实木花格、银镜

本案以巴厘岛式的原生态东南亚风格为设计蓝本，大量运用自然材料，充分体现休闲与平静意境，银镜的运用、半通透的格栅门都无形中扩大了空间。泰柚木、藤制品以及别具一格的东南亚元素配饰，使居室散发着淡淡的温馨与低调的奢华。

01 实木镂空花格与云石墙面构成的电视背景墙虚实对比强烈，古朴的质感，演绎出原始自然的热带风情。

02 深色实木条装饰吊顶让人想起古朴的东南亚建筑，客厅顶部镜面既扩大了空间感，又和餐厅区域形成虚实对比。

03 餐厅的墙面以泰柚木实木条横向贴饰，搭配别致的装饰镜、精巧的吊灯，毫不矫揉造作的材料营造出豪华感，一切都那么和谐舒适。

04 泰柚木勾勒出床屏区域，书房与更衣室巧妙地隐于其后。深色壁纸由墙面延伸至吊顶，搭配藤编家具，洋溢着浓烈的异域风情。

阔绰三房 | 东南亚风情与田园风的完美碰撞

设 计 师：邹志雄
项目地点：肇庆市
建筑面积：138 平方米
主要材质：仿古砖、壁纸、银镜、泰柚木格栅、纱帘

01

本案设计师大量选用木质藤编的家具，搭配田园风格的壁纸，试图将东南亚风情与田园风相结合，来营造一个接近大自然的居家环境。在陈设上，设计师花了大量的心思，一幅绿叶装扮的艺术画，佛手的雕塑品摆放于电视柜上，为空间增添了民族地域风情。柔和的曲线与灯光，为视觉带来舒缓的感觉。亮红色调的点缀，使空间在自然温馨中不失热情华丽，演绎着别具风格的东南亚风情。

01 在过道处采用拱门的造型设计，无疑将客厅的景色完美地框选起来，达到美化空间的效果，让整体空间设计更加活泼。

02 整套深木色的家具置放，给人营造出庄重、高雅之感。藤编的坐椅，在深色的基调下，显得更富有质感。

03 具有东南亚风情的藤编家具，沙发背景墙挂上粉红色的轻纱。一幅绿叶的油画，搭上郁金香图案的透明纱帘，让人仿佛置身于亚热带的田园，热情浪漫。

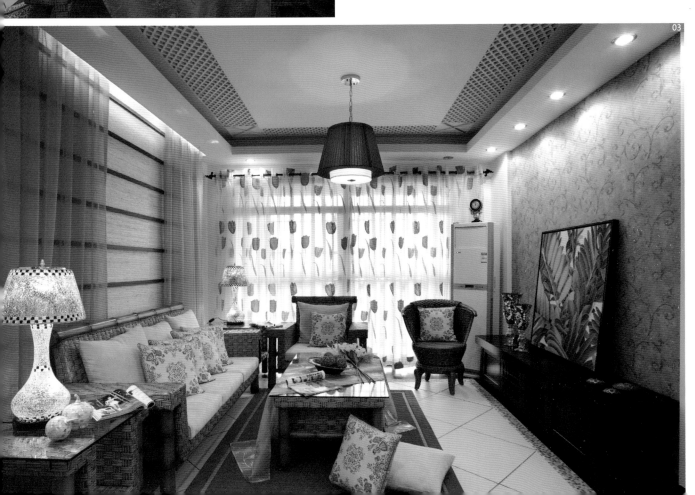

阔绰三房 | 规则空间的不规则感受

设 计 师：胡建国
项目地点：福州市
建筑面积：120 平方米
主要材质：皮纹砖、白橡木金刚板、壁纸、钢化玻璃、银镜、爵士白大理石

本案对空间的布置别具匠心，入口的银镜斜墙成功延伸视线，一方面为餐桌争取空间，另一方面让客厅打破方正格局。步入室内，在立面和吊顶处理上一反常规，用爵士白大理石贴饰的电视墙呈现简洁利落的时尚，上半部透明玻璃的应用实现客厅和厨房两个空间的连接；顶面圆弧形的吊顶与曲线沙发呼应，吊顶内利用交错的假梁造型和银镜的组合，营造出深邃的空间感，直与曲赋予居室冲突又平衡的独特美感。

01 以电视墙隔开客厅和厨房，又以透明玻璃加强两者的联系，既解决了油烟问题，又使厨房的光线充足。

02 卧室没有设计复杂的造型，暖色的床铺背景雅致柔和，银镜的装饰设计打破了实体墙的压迫感，镜面的影像令空间显得更通透。

阔绰三房 | 品味时尚空间

设 计 师：吴楚淮
项目地点：东莞市
建筑面积：125 平方米
主要材质：车边银镜、大花白大理石、壁纸、银铂

本案运用了比较大胆的设计手法，旨在给人们创造出一种新奇、时尚的空间感觉。整体以浅色调为主，银箔、大理石、车边银镜等各种高档材料的精心搭配，以一种简洁的造型方式出现，带出整体现代风格及高贵的气质。数件精致的欧式家具和灯具，与周围的色调样式相协调，为空间增色不少。

01 墙面利用长条形的车边银镜装饰，细节设计带来丰富的视觉效果，同时镜面无形中扩大了入户的空间感受。

03 客厅的大花白大理石、银铂等材料的巧妙配合，让进入到这里的人都感受到高贵、典雅、时尚的气息。

02 鎏金装饰的沙发、坐椅精致、典雅，具有欧式的文化气息，与墙面的银箔装饰相映衬，为整个空间增色不少。

04 小孩房设计线条简练，宽度不一的银镜镶嵌形成的床头背景，虚实对比，空间变得活泼而富有趣味性。

阔绰三房 | 色彩的婉约韵味

设 计 师：张紫娴
项目地点：台北市
建筑面积：148 平方米
主要材质：仿古砖、磨砂玻璃、橡木洗白、柚木实木地板、壁纸、有色面漆

01 | 02

本案的一大趣味点就在于多姿多彩的色彩搭配。客厅电视背景墙以秋天饱满稻穗般的低调金色，点出空间的主题，珊瑚红底色沙发搭配活泼的彩色条纹，融化了鲜活原色的膨胀感，使得原本中规中矩的空间布局多了色彩的婉约韵味。

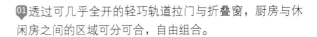

01 透过可几乎全开的轻巧轨道拉门与折叠窗，厨房与休闲房之间的区域可分可合，自由组合。

02 客厅、餐厅、厨房与休闲房无实体隔断的设计，保证即使家里来了一堆朋友，也不必担心客厅空间不够用。

03 主卧的电视墙是一组隐藏式的收纳柜，白色使得大面积的柜体不显压抑。

阔绰三房 | 暗夜浮华

设 计 师：邱春瑞
项目地点：连云港市
建筑面积：135 平方米
主要材质：柚木线条、皮革硬包、米黄洞石、银镜、灰镜、黑镜、
　　　　　柚木饰面板、爵士白大理石

01　02

设计师在古典欧式风格的基础上，以简约的线条代替复杂的花纹，采用更为明快清新的颜色设计居室空间。既保留了古典欧式的典雅与豪华，又更适应现代生活的休闲与舒适。通过对材料的运用，以灵活的灰空间、循环动线为主调，从感观上让空间无限放大。家居风格也由此从整体到局部、从空间到室内陈设塑造，给人一种精致印象，使人在居室中深深地感受到暗夜浮华这一情景。

01 格栅式的推拉门，似隔非隔地分开厨房与餐厅，使其彼此拥有独立的空间又不显拥堵。

02 电视墙以壁炉的形式呈现，爵士白大理石的简洁框架，内置电视机，成功打造出黑白对比的现代风格。圆圈形态塑造的隔断，划分了空间功能区域，并起到空间的装饰作用。

03 米色硬包饰面，具有一定的弧形设计，在光线下营造墙面的动感效果，同时兼具吸音的功能。墙面上方的灰镜设计，透过映射的效果，营造出低调奢华的居室空间。

阔绰三房 | 品味江南 一方古雅

设 计 师：孙长健
项目地点：福州市
建筑面积：135 平方米
主要材质：水曲柳饰面板染白、仿古砖、泰柚木实木地板、竹帘、
　　　　　定制染色窗、青砖

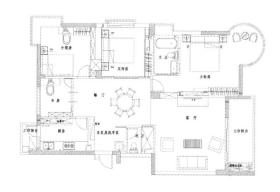

设计师在空间中灵活运用了东方元素，使之更具有现代感。中式风格的古色古香与现代风格的简单素雅自然衔接，生活的实用性和对古老韵味的追求在这里同时得到了满足。在淡淡的灯光下，清新淡雅的实木家具和配饰，青花瓷与青砖、蓝布诠释着空间的东方空灵，中式格子门不仅了隔离空间，也消解了时间跨度。

01 | 02

01 洁白墙面上的白描线画让人品味诗画一般的意境，墙面白描玉兰花栩栩如生，与中式灯笼两两相望，相互映衬古意盎然，令空间弥漫着江南典雅气息，使得简洁的白墙也颇有看头。

02 偏于一隅的书房，以青砖竹帘及可旋转的仿古门窗，配搭中式博古架，清新自然，恰有一番"宁可食无肉，不可居无竹"的洒脱。

03 两墙青砖，青花瓷面盆安放于四平八稳的案几上，神秘东方气质被欧式简约手法还原。

阔绰三房 | 经典元素 演绎华贵情调

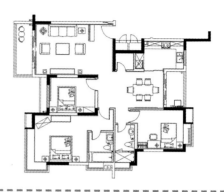

设 计 师：黄宇铭
项目地点：广州市
建筑面积：120 平方米
主要材质：银灰色壁纸、水晶珠帘、玻化砖、壁纸

本空间大量使用了银灰色作为色彩装饰，电视背景墙的银色与家具表面的色彩呼应，搭配银色的装饰花瓶和银框的镜面，打造出空间华贵的气质。富有材料质感和造型处理的家具让空间显得更加养眼精致。

01 欧式优雅的银镜与中式的坐椅二者碰撞出华贵的韵味。

03 入口处的水晶珠帘简单出彩，帘上的两只蝴蝶与柜上的白鹤相呼应，也契合整个空间的装饰主题。

02 卧室里弥漫着淡淡的欧式风情，条纹的浅色壁纸与白色的家具看上去清新淡雅。

阔绰三房 | 简欧中的典雅华贵

设 计 师：符军
项目地点：中山市
建筑面积：136 平方米
主要材质：玻化砖、爵士白大理石、仿古砖、车边银镜、艺术壁纸、地毯、
白橡木复合木地板

本案摒弃了繁复奢华的欧式线路，将现代简约融入到欧式风格中，在简约中表现欧式的典雅华贵。整体以浅色调为主，简单的处理手法加上高贵的白色调，一种贵气便不言而喻。

01 色彩浓烈的红色花纹壁纸为这个浅色调的空间添加了绚烂的一笔，古典的装饰图案彰显出欧式的典雅与尊贵。

02 电视背景墙设计充满块面感，白色大理石与镜面互相穿插，虚实对比强烈，细腻的纹理恰到好处地突出了欧式空间的优雅气质。

03 此处电视背景墙较长，并且局部正对走廊，设计师在此增加了一个轻巧的吧台，既有一定的功能性，同时形成空间端景。

04 书房利用柱位空间设计为一内嵌式书柜，白色的柜体从暖色墙面中脱颖而出，局部装饰的线条，凸显其欧式风格。

阔绰三房 | 醇弥东方情

设 计 师：毛毳
项目地点：梅州市
建筑面积：125 平方米
主要材质：珠帘、磨砂玻璃、钢化玻璃、茶镜、黑檀木金刚板、
玻化砖、壁纸

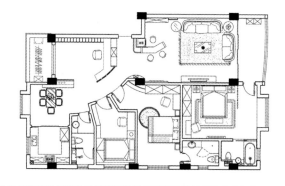

设计师在现代空间中，运用了中式古典元素演绎优雅、低调的东方风情。选用了沉稳的家具，浅色调的地砖以及透明玻璃的隔断，让整体空间的明亮度提升。以天花板的造型设计，轻巧地分割出了空间的功能区域，弧线似的勾勒，使空间各个区域更加流动。

01 中式元素的木雕花格，嵌入墙面，在白色花纹壁纸的陪衬下，精致且典雅，成为空间的装饰品，同时为空间增添了些许东方韵味。

02 墙面转折处巧妙地采用了弧形设计，打破了传统的直线规划，使空间更加流畅。

03 利用不规则的仿古砖饰面，再搭配茶镜的点缀，作为电视背景墙的构成元素。石材的独特纹路与不规则拼贴，自然形成了视觉焦点，茶镜也延伸了空间的视野。

阔绰三房 | 会呼吸的空间

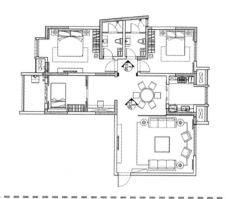

设计师：戴勇
项目地点：济南市
建筑面积：120 平方米
主要材质：水晶白大理石、银镜、壁纸、黑檀木中式花格、白橡木金刚板

01

中式古典元素的完美运用，现代家居的合理搭配，从装饰物的不同形态来区分不同的空间，一切的设计在空间中显得是那么和谐。柔和的色调，光线的穿越，静默了那颗躁动的心，让心灵自由地呼吸。

01 不同造型的中式屏风作为空间隔断，透过精工细作的屏风，使两个空间不受彼此的拘束，视线由一空间延续到另一空间。黑白色调的树枝剪影饰面，借由灯光的投射，营造出中国水墨画的悠远意境。

02 由客厅延伸出来的屏风隔断，给餐厅一个相对独立的空间。

03 中式格栅式的衣柜推拉门，再次体现了空间的灵活性。

阔绰三房 | 白色后古典

设 计 师：漆敬　范斌
项目地点：泸州市
建筑面积：130 平方米
主要材质：玻化砖、银镜、石膏板

本案采用高调的白色来表现后古典风格中家具、灯饰优美的轮廓，白色的变化则通过材质的不同质感来实现，在不同界面力求空间明亮、宽敞，有柔和的层次。

01 以线条简洁的白色边框围合菱形银镜构成的壁龛，搭配案几插花，形成一幅富有现代气息同时不乏古典美的走道对景。

02 电视背景墙采用白色雕刻板构成，背面暗藏灯光，使之产生柔和的层次。具有古典图案特征的雕刻纹样赋予空间独特的魅力。

与设计师对话 Q&A

Q：天花板的施工步骤分别是什么？

A：施工步骤分别是：

1. 清洁天花板上的脏物。
2. 弹线找平，找出标高依据。
3. 打膨胀螺丝或枪钉。
4. 安装木（铝）龙骨。
5. 安装电线管槽。
6. 封装石膏板。
7. 粉刷处理。
8. 安装灯具。

Q：手绘墙面材料具体包括哪些？详细制作步骤以及有哪些注意事项？

A：手绘墙面所需材料：丙烯颜料或各色环保涂料、毛笔、排笔、粉笔、铅笔、涮笔筒。建议刚开始画时从不显眼的墙壁开始，待手法熟练再画大面积。

具体步骤：

1. 先想好需要手绘的图案，可以模拟现成的图案，无论简单或是复杂，都建议先用粉笔或铅笔打好草图。
2. 打好草图后，用排笔轻轻扫淡些，保留痕迹。
3. 开始上涂料了，要根据图案线条的粗细和上颜色面积的大小，选择使用大中小号的毛笔或是排笔，接着根据个人喜好把涂料画上就完工了。

注意事项：首先手绘墙画的图案和色彩要与整体设计风格相协调；其次手绘墙画的位置一般以局部为主，以起到画龙点睛的作用；最后对制作者的绘画功底也要有一定要求。

Q：什么是剪力墙？剪力墙与承重墙有什么区别？

A：剪力墙又称抗风墙或抗震墙、结构墙。房屋或构筑物中主要承受风荷载或地震作用引起的水平荷载的墙体，由钢筋混凝土构成的墙体，防止结构剪切破坏。在抗震设防区，水平荷载主要由水平地震作用产生，因此剪力墙有时也称为抗震墙。承重墙是指支撑着上部楼层重量的墙体，可能为钢筋混凝土结构，也可以是砖混结构。

Q：水泥地面起砂是怎么引起的？水泥地面起砂有什么解决办法吗？

A：水泥地面起砂的原因有很多，主要有以下几个：

1. 水泥、石灰和水的分量比例不当，施工中如果水的量过多，就会降低水泥地面面层的强度，并且容易造成水泥砂浆渗水，进一步降低水泥地面表面的强度，导致出现水泥地面起砂的问题。
2. 水泥和石灰的质量存在问题，使用不合格的水泥也会导致这种情况。
3. 在后期的保养和维护中没有做到位。

对于水泥地面起砂有如下几个处理方法：

1. 对于起砂不是特别严重的，可以采用胶水泥涂料填涂。
2. 使用专门的水泥地面起砂处理方法进行处理。
3. 将起砂的地面铲除掉，重新施工，严格按照水泥砂浆地面的施工工艺标准进行施工。
4. 将水泥地面换成地砖或者铺木地板。

Q：我家里要装修，想安装玻璃地板，可以吗？玻璃地板安全性有多高，结实吗？

A：一般家庭装修做地板都不宜选择玻璃地板，因为玻璃容易因受压而导致玻璃边角崩裂；而且如果是整片玻璃的话，人走在上面也会摇摇晃晃的，同时还要在玻璃地板另一面打上磨砂，这样玻璃地板才不会映射。总之，家庭装修中用玻璃做地板不太安全，即使安全系数达到要求，也很容易刮花了，而且也很难修复，影响美观。建议还是选用其他材质的地板比较好。

Q：春雨天装修好不好，春雨天装修有哪些注意事项？我们打算三月中旬动工装修，如果遇到春雨天装修可以继续吗？

A：春雨天装修遇到最大的问题就是潮湿。在装修时应注意以下几点：

1. 首先在选材上要把好关，要选择品牌产品，质量上有保证；此外，如果可以的话，尽量选购生产日期是最近的。因为大多数木材制品在车间里基本上都经过了干燥处理。如果放久了，肯定会吸收了不少的水汽，从而使材料变得潮湿，影响装修。
2. 木材购买回来后，先在室内放置三天，和地气相适应后，再进行安装。
3. 实木地板在施工前，要保持地面干燥，铺好防潮层。

在刷油漆时，如果遇上下雨天，最好是停工，或者让装修工人先做其他的活，因为雨天刷漆会影响到粉刷效果的。即使刷上油漆后，也要用吹干剂，使油漆干得快。如果油漆不干，会发霉变味。

Q：家庭装修中开关、插座距离地面高度应为多少？卧室和客厅是否安装同样高度？

A：开关、插座安装位置也有一定讲究，不恰当的安装，很可能会在今后使用中造成麻烦。

1. 开关安装高度离地一般在 1.2~1.35 米（一般开关高度是和成人的肩膀一样高），且处于同一高度，相差不能超过 5 毫米。

2. 门旁边的开关一般安装在门右边，但不能在门背后。

3. 几个开关并排安装或多位开关，应将控制电器位置与各开关功能件位置相对应，如最左边的开关应当控制相对最左边的电器。

4. 卧室床头开关距离床边一般在 0.1~0.15 米，离地高度一般在 0.7~0.8 米，并设置双联开关。

5. 厨房、卫生间、露台等亲水区，开关或插座安装应当尽可能不靠近用水区域。如靠近，要加配开关防溅盒。

插座安装位置规则：

1. 一般插座下沿应距地面 0.3 米，且安装在同一高度，相差不能超过 5 毫米。

2. 客厅卧室每个墙面，两个插座间距离应当不大于 2.5 米，墙角 0.6 米范围内，至少安装一个备用插座。

3. 洗衣机插座距地面 1.2~1.5 米之间，最好选择带开关三极插座。

4. 冰箱插座距地面 0.3 米或 1.5 米（根据冰箱位置而定），且宜选择单三极插座。

5. 分体式、挂壁空调插座宜根据出线管预留洞位置距地面 1.8 米处设置，窗式空调插座可在窗口旁距地面 1.4 米处设置，柜式空调器电源插座宜在相应位置距地面 0.3 米处设置。

6. 厨房开关及插座面板必须按照橱柜图纸需求设置，并注意防油烟。一般情况下，灶台上方插座距地面 1.2 米，橱柜内部插座距地面 0.65 米，油烟机插座距地面 1.8~2.1 米，最好能为排气管道所遮蔽。

7. 电热水器插座应在热水器右侧距地面 1.4~1.5 米，注意不要将插座设在电热器上方。

8. 露台插座应距地面 1.4 米以上，且尽可能避开阳光、雨水所及范围。

Q：房屋墙壁渗水怎么办？主要出现卫生间与厨房相邻的墙体，没有渗水很严重，但是可以明显地看到被水浸湿的痕迹。

请问这是什么原因引起的，有什么解决办法吗？

A：这个应该是比较简单的墙面渗水的问题。造成这种情况有几种可能：

1. 楼上卫生间的防水没做好，沿着内墙体渗漏下来，但是这种情况应该是出现在天花板比较多，很少会在低墙体上出现。

2. 墙体里藏着暗水管，水管有裂缝，出现渗水情况。

3. 自家卫生间的防水没做到位，墙体和地面的防水都没弄好，防水层破损了，以致出现渗水。

大部分卫生间漏水到自己家的情况，治点没用，得治整个面，只有保证整个地面完全没有水能渗到瓷砖表面以下的砂浆层，就不会有水渗到防水层的破损处，这样漏水的问题就解决了。可以去购买堵漏防水的油漆，自己动手油刷卫生间墙体和地面，最好办法是请装修工人来解决，这样更有效。

Q：新房装修好后多久才能居住？

A：新房装修后最好等 2~3 个月入住。刚装修过的房子，屋中味道很刺鼻，主要是甲醛，另外就是新家具、新铺地板或者油漆的气味，建议你用以下几种方法可以适当去除味道：

1. 保持通风。

2. 摆放一些吸收气味的植物，如：吊兰、芦荟、龙舌兰、虎尾兰、常青藤、铁树、万年青、雏菊、龙舌兰、月季、玫瑰、桂花、薄荷等。

3. 使用装修除味剂和活性炭。

4. 入住之前用甲醛检测盒检测一下，若数值不超过国家规定的 0.1 毫克/立方米即可入住。

Q：水路改造中应注意的小问题？

A：1. 水管一般市场上普遍用的是 PP-R（无规共聚聚丙烯）管、铝塑管、镀锌管等。家庭改造水路（给水管）最好用 PP-R 管，因为它是采用热熔接连接，不会漏水，使用年限可达 50 年。

2. 水路改造一般要分清冷热水管，通常为左热右冷，冷热水出口间距一般为 15 厘米。冷热水出口必须平行。

3. 水路走线开槽应该保证暗埋的管子在墙内、地面内，装修后不应外露。开槽要注意只要能埋进管子就行，不要破坏结构层。

4. 水路改造完毕要做管道压力实验，实验压力不应该小于 0.6MPa。

5. 水路改造后最好有一份水路图，以免后面的装修中误打到水管。

6. 最重要的还是水改队伍，要慎重选择专业的装修公司。